AF461088

DE L'UTILITÉ

DES

ALGUES MARINES

PARIS — IMPRIMERIE E. MARTINET, RUE MIGNON, 2

ALEXANDRE SAINT-YVES

DE L'UTILITÉ

DES

ALGUES MARINES

PARIS
LIBRAIRIE MÉDICALE DE LOUIS LECLERC
O. BERTHIER, SUCCESSEUR
104, Boulevard Saint-Germain, 104.

1879

(Extrait du journal *le Figaro* du 8 mai 1879.)

Monsieur le Rédacteur,

Je me fais un plaisir de répondre à votre lettre sur l'utilité des Algues marines, et souhaite que ma réponse puisse intéresser vos lecteurs.

Cette flore est tout un monde peu connu, plus considérable que la végétation terrestre, plein de ressources pour nous autres médecins, de richesses pour l'alimentation et l'industrie.

En Crimée, en Algérie, à Belle-Ile-en-Mer, dans la Provence, dans les hôpitaux que j'ai dirigés, cette question m'a préoccupé, et j'ai recherché les hommes spéciaux qui s'en occupaient.

Aimé est mort sous mes yeux, victime d'une chute qu'il fit en poursuivant la mission scientifique que l'Institut lui avait confiée, et dont l'exploration de la végetation marine faisait partie.

A la même époque, à Alger, j'ai été aussi en relation avec Bory de Saint-Vincent.

J'ai connu Brongniart, et, à Antibes, Thuret, qui, tous deux, ont fait sur les Algues des travaux intéressants.

Récemment j'ai été mis en rapport avec M. Alexandre Saint-Yves, qui résume l'état actuel de la question, et qui a bien voulu m'initier à ses travaux.

Quand un homme intelligent et érudit consacre ses veilles à la réalisation d'une création utile, alors que sa position sociale lui permettrait de profiter de ses relations et de ses moyens pour se contenter de la vie mondaine, je donne à un homme de cette trempe estime et considération particulières en l'appelant un bienfaiteur de l'humanité.

C'est entièrement le cas de M. Alexandre Saint-Yves, aux travaux duquel je m'estime heureux d'être associé.

Pour le moment, il en est aux Algues, et, cette fois, cette flore rebelle nous laissera le secret de son utilité.

Depuis les potages jusqu'aux crèmes, jusqu'aux plus fines liqueurs de table, j'ai goûté les Algues sous des formes qui ne peuvent que satisfaire les exigences de l'hygiène alimentaire aussi bien que celles du goût.

J'ai pénétré ensuite dans un laboratoire d'un genre nouveau, où j'ai vu en préparation ce que j'avais goûté, plus huit ou dix applications de diverses Algues à autant d'industries différentes, pourpre des anciens Tyriens, apprêts chinois pour étoffes, baudruches marines pour les blessés, cuirs transparents, opaques, de toutes couleurs pour reliures, tabletterie, tenture hygiénique des appartements, savons de grande industrie, préparations remplaçant l'ichthyocolle, et des Algues marines de tous pays se transformant comme une matière protéique.

*Ensuite, j'ai entendu la lecture d'une brochure sur l'*Utilité des Algues marines, *et quand elle paraîtra on y trouvera magistralement traitée la question sur laquelle vous voulez bien faire appel à mon opinion.*

Heureux de voir réalisée une idée que j'ai toujours crue féconde, je tiens à honneur d'en être le parrain, et vous remercie de m'en avoir fourni l'occasion.

Agréez, Monsieur le Rédacteur, etc., etc.

Dr Cabrol,

Ancien médecin en chef des hôpitaux,

lauréat de l'Académie,

Commandeur de la Légion d'honneur

AVANT-PROPOS

Si Bacon pouvait venir dresser aujourd'hui, comme il le fit pour son temps, le bilan de la science pure et de la science appliquée, ce Christophe Colomb de l'esprit humain ne verrait pas sans un légitime orgueil le déploiement du monde nouveau qu'à travers les ténèbres de la scholastique il devina et désigna si sûrement.

Il pourrait peut-être, après un long et profond examen, constater bien des lacunes encore, reprocher à ses descendants d'avoir usé trop à la hâte, trop sommairement parfois de leurs armes de précision, d'en avoir souvent méconnu la portée intellectuelle, la signification morale, le but social.

Peut-être, s'armant de l'analogie, dont il aimait l'usage, verrait-il avec tristesse la division si multipliée des facultés rationnelles, le morcellement des spécialités; et, lisant dans l'avenir les conséquences antisociales de notre constitution intellectuelle, la comparerait-il à une sorte d'Amérique idéologique, d'États-Unis sans autre lien qu'une juxtaposition d'intérêts éventuels, précaire, impuissante à conjurer une terrible guerre civile des esprits, puis des faits.

Qui sait s'il ne serait pas alors tenté d'achever son œuvre, en faisant suivre son *Traité sur la dignité et le développement des sciences*, d'un corollaire sur leurs rapports entre elles et leur hiérarchie.

Quoi qu'il en soit des côtés obscurs et non définis de l'édification séculaire de la science et de l'art, si le couronnement, si l'ensemble architectural se dérobent encore derrière des échafaudages provisoires, les assises matérielles, les fondations économiques sont visiblement posées sur la terre asservie.

L'industrie, le commerce, l'agriculture, éclairés et guidés par les mathématiques, l'astronomie, la physique, la chimie, la mécanique, l'hygiène et par tout le cortège des sciences naturelles, tiennent les trois règnes sous leur sceptre.

Dans cette genèse comme dans l'ancienne, minéraux, végétaux, animaux, toutes les choses et tous les êtres ont comparu devant la science, et l'homme leur a donné un nom, les a marqués pour son usage et frappés à l'effigie de son propre Règne.

La mer pas plus que la terre n'a pu garder ses trésors cachés; sa Faune comme sa Flore, Léviathan comme Béhémoth, ont dû subir le joug de la zoologie et de la botanique, le frein des nomenclatures.

Mais si notre civilisation, semblable au Jupiter antique, tient aujourd'hui dans ses puissantes mains, sauf quelques anneaux, la chaîne nominale des êtres et des choses, en saisit-elle encore tous les rapports, en utilise-t-elle toute l'effectualité ?

La Flore marine, par exemple, n'occupe encore son rang que dans une partie de la science pure : la classification.

Dans la science appliquée, sa place régulière est presque à créer.

Dans l'activité des arts et des métiers, son rôle n'est encore qu'indiqué par l'empirisme.

La brochure présente n'a d'autre but que d'attirer l'attention sur cette source de richesses encore fermée, et dont l'écoulement normal peut devenir un nouveau bien pour notre prospérité nationale, en même temps qu'un bienfait pour nos populations maritimes, si déshéritées et pourtant si vaillantes, de la Manche, de l'Atlantique, des îles et des colonies.

Nous allons donc successivement envisager, aussi brièvement que le veut une publication de ce genre, les Algues marines dans la nature, dans la science et enfin dans l'hygiène médicale et alimentaire, et dans l'industrie.

LES ALGUES DANS LA NATURE

Contemporaines des temps génésiques du globe, les Algues sont les premières plantes qu'ait suscitées à la vie le principe vital ou l'*Esprit qui*, selon l'expression de Moïse, *se mouvait sur les eaux*.

Leur naissance fut le signe initial auquel répondirent, du sein de l'élément plastique, les apparitions successives, les évolutions ascendantes des végétaux et des animaux, marins d'abord, puis terrestres, quand les cimes du globe furent mises à nu par les mers.

Qui soulèvera jamais le voile qui couvre l'origine des êtres!

Dire avec la nouvelle école du transformisme, ressuscitée après quatre mille ans des doctrines du phénicien Moschus, que, depuis les plus simples jusqu'aux plus composés, les êtres s'élevèrent les uns des autres, chacun marquant un degré des efforts ascendants de la vie, c'est constater un fait banal que la science complète veut comprendre et connaître aussi bien dans ses causes que dans ses effets.

Il y a peut-être en cet immense problème quelque chose de plus que la substance universelle primitive, que ce premier élément matériel, physico-chimique, nommé par la science la plus récente *protoplasma*, et que Moïse appelle *Jona*, ou faculté plastique de la nature.

Quelle est la puissance qui a fécondé cet élément universel de la vie, cette substance commune des êtres?

Comment, disent les spiritualistes, sans l'action de cette force nommée par Moïse *Rouah*, ou souffle de vie, comprendre que cette matière ait généré spontanément cette hiérarchie vivante? comment, sans le retrait de cette force active, admettre que cette matière ait cessé de produire des espèces nouvelles?

Mais d'où est venue, où s'est retirée cette force impulsive des générations, cette cause spécifiante des règnes, des genres et des espèces, cette puissance déterminante des êtres, ce principe universel de vie, qui, selon la profonde expression de Moïse, se mouvait sur les eaux?

Pourquoi, à partir du règne minéral une fois consolidé, poussant vers la lumière les trois autres règnes, cette grande force génésique, cessant soudain de générer, est-elle rentrée dans le repos, dès que l'homme sortit du néant pour entrer dans l'agitation de la vie?

Si cette force appartenait en propre à la constitution de notre terre, elle y serait encore active; car l'ordre naturel ne se dément jamais; et, du sein du *protoplasma*, nous verrions sortir des êtres supérieurs à nous.

Mais cette puissance créatrice inconnue n'était sans

doute que passagère sur la terre, où l'homme représente son dernier témoignage ici-bas.

Le premier fut cette algue que la tempête nous jette toute imprégnée encore des premiers éléments de la vie organique.

Arrachée entre mille aux prairies des mers profondes, elle roule dans l'écume des remous.

Est-ce bien une plante cette gelée tremblante, ou plutôt n'est-ce pas la fluidique ébauche d'un madrépore ou d'un corail ?

Ici, en effet, la botanique et la zoologie se disputent encore les frontières naturelles de leurs empires.

Un grand nombre de ces plantes semblent porter les caractères de la vie animale.

Les unes se revêtent d'une carapace calcaire, qui, longtemps les a fait ranger parmi les Polypiers ; les autres, par leurs organes mâles, émettent des germes singuliers, qui s'agitent, comme s'ils étaient doués d'un instinct moteur, d'une volonté rectrice.

Et non-seulement leur naissance et certains temps de leur vie, mais la décomposition qui suit leur mort révèle aussi cette sorte d'amphibiologie.

Aussi leur substance organique ne reste pas moins mystérieuse pour la chimie que les caractères distinctifs de leur règne pour la botanique, du moins pour un grand nombre et dans certaines phases de leur vie et de leur mort.

Du reste, si l'on remonte ou si l'on redescend plus haut ou plus profondément dans les origines de la vie sur notre planète, les mêmes enchevêtrements de caractères apparaissent dans des êtres antérieurs aux Algues : les Monères du *sarcode* ou *protoplasma* qui, jusque dans les régions polaires, tapisse le fond de l'océan d'une immense couche de gelée vivante.

C'est là qu'il faut chercher le secret de la faculté plastique de la nature sur notre globe, sans rien préjuger d'ailleurs du principe génésique qui a pu évertuer cette faculté une fois pour toutes, et se retirer ensuite dans son centre propre.

Peu soucieuse de nos classifications, la nature fournit les milieux originels, réglés par le temps, c'est-à-dire par la situation du globe dans l'espace.

Dans ces milieux ainsi réglés, les espèces se reproduisent, spontanément dans certaines apparences, forcément en réalité, et suivant des types aussi indestructibles que leurs effigies individuelles sont périssables.

La reproduction des effigies a encore d'autres causes nécessitantes que la loi des espaces et que celle des temps; elle s'accomplit dans une sorte de mouvement général, d'activité universelle, dont le temps est facile à observer, mais dont le mode, très difficile à pénétrer dans sa cause, tient à la vie de l'univers même, principalement aux rapports de la terre et du soleil, et reste lié profondément au principe cosmogonique dont nous parlions plus haut.

La Flore et la Faune des mers subissent cet entraînement général plus puissamment encore que leurs analogues de la terre.

Leur milieu oxygéné est plus accessible à l'influx

céleste, leurs substances constituantes plus directement sensibles à la vibration éthérée dont la lumière est le véhicule.

Une grande science se cachait derrière les anciennes cosmogonies, toutes semblables au fond, qui faisaient naître la vie de la substance plastique des eaux ; et bien d'autres indices, à travers le voile des fables, mal brodé parfois, presque toujours magistralement tramé, révèlent une connaissance presque parfaite de l'univers et de la synthèse du monde.

Chez les modernes, après Dujardin, après Hæckel, après Huxley et Bessel, il n'est plus possible de douter que l'antique sapience n'eût raison sur ce point.

La science la plus rigoureuse ne peut aussi que confirmer Michelet, lorsqu'il dit poétiquement que le Mucus dont la mer est chargée est la vivante gelée animale où l'homme naquit et renaît, où il prit et reprend sans cesse la moelleuse consistance de son être.

C'est aux Algues surtout que la mer doit cette substance que Payen déclare inconnue, que Bory de Saint-Vincent appelle, avec les anciens cosmologues, l'élément de la vie.

En outre, ces plantes, sous l'imprégnation de la lumière solaire, dégagent des quantités presque incroyables d'oxygène; et les expériences de M. Aimé à ce sujet mériteraient d'être connues de tous ceux qui cherchent dans les bains de mer tout le bien qu'on en peut retirer.

Par leur richesse en mucus et en oxygène, les Algues jouent donc dans la physiologie de notre globe un rôle considérable déjà; et elles offrent pourtant d'autres trésors à mettre en œuvre.

Leur distribution géographique est régulière, chaque espèce affectant en profondeur une zone que les courants chauds ou froids peuvent plus ou moins modifier, mais au-dessus et au-dessous de laquelle elle cesse généralement de se développer.

Il n'est pas, selon nous, de profondeur qui ne soit une zone de vie, l'oxygène augmentant au lieu de diminuer à mesure qu'on approche du fond.

Le professeur Harvey a considérablement reculé les limites arbitraires au delà desquelles les physiologistes disaient à la vie : tu n'iras pas plus loin.

De Humboldt a trouvé des Fucus à deux cents pieds dans la mer; Bory de Saint-Vincent, entre Bourbon et Madagascar, a cueilli un Sargassum à six cents pieds.

Aussi, depuis la surface des eaux où flottent les Cystosiera et les Iridea, en passant à travers les zones végétales, vérifiera-t-on probablement, comme l'ont fait Huxley, Hæckel et Bessel, la vie jusqu'au fond même des océans.

Quant à la taille des Algues, elle touche aux extrêmes limites de la petitesse et de la grandeur.

Il en est de microscopiques qu'on ne pourrait mesurer que par millièmes de millimètre, et de monstrueusement gigantesques dépassant en étendue les chênes d'Europe, les cèdres d'Afrique, les baobabs d'Asie.

La grandeur des mers fait la grandeur des Algues; et les plantes de ce genre les plus colossales, telles que le *Durvillæa utilis*, le *Laminaria buccinalis* n'acquièrent ces développements que dans l'Atlantique.

Dans l'état actuel des connaissances botaniques, on compte environ trois mille types principaux de ces plantes marines; et nous ne parlons ici que des Acotylédones et non des Zostères, *Posidonia Caulini*, *Rupia maritima*, *Zoosteria marina*, plantes vasculaires monocotylédones.

Mais ce chiffre de trois mille types applicables aux Algues marines proprement dites, il faut le multiplier par plusieurs milliards d'individualités pour se faire une idée approximative de la prolification végétale des mers.

Si un cataclysme, le lointain frôlement d'une comète par exemple, exaltant subitement la force dilatante enfermée dans les liquides, venait à anéantir les trois Règnes organiques sur la terre, tout le *plasma* d'où ils sont sortis se retrouverait dans le lit et dans la flore des mers, prêt à reconstituer la vie, si la puissance qui l'a déterminée reprenait de nouveau son rôle génésique parmi les différentes forces éparses dans notre atmosphère.

Dans la saison de la reproduction, c'est par quantités tenant du prodige que les Algues pullulent, insaisissables aux yeux, rougissant comme du sang le golfe Arabique et la mer Vermeille, blanchissant le golfe de Guinée, noircissant les mers autour des Maldives, les colorant en vert dans le golfe Persique, dans l'archipel des Canaries et des Açores, en jaune entre la Chine et le Japon.

Et depuis les surfaces des eaux jusque dans les profondeurs de sa lourde atmosphère liquide, que brassent incessamment les brises, les vents et les tempêtes, cette flore colossale élève sans cesse, dans le cône de lumière que le soleil applique sur le globe des sources, des torrents, des fleuves de vie oxygénée.

L'air, cet autre océan aux courants réguliers, reçoit ces trésors physiologiques, et ses mouvements les distribuent. Cependant sous les eaux marines, de zone en zone, de cime en versants, de vallée en abîme, les Algues s'étendent à l'infini, en forêts inextricables, en incommensurables prairies fluidiques, où dans un profond silence, parmi les frissons lumineux et le miroitement des conques, des madrépores, des coquilles et des coraux, la faune océanique abrite et paît ses innombrables et mobiles troupeaux.

Les *Fucus* et les *Laminaria* dans nos mers, les *Sargassum* et les *Cystoseira* qui, de chaque côté de l'équateur, sur une étendue de mille lieues, forment d'immenses masses herborescentes qu'on retrouve encore dans le Pacifique, ne donnent pourtant qu'une faible idée de cette végétation si considérable, dont le rôle s'étend de l'économie de la vie sous-marine à la physiologie générale de notre planète.

LES ALGUES DANS LA SCIENCE

Nulle branche de la botanique n'a plus que ces Cryptogames exercé la patience des savants.

Voici les traités de première importance auxquels le lecteur pourra recourir, si bon lui semble :

ADANSON, *Famille des Plantes*, t. II. p. 12. Paris. 1750. — LAMOUROUX, *Dissertations sur plusieurs espèces de Fucus*. Paris. 1805. — JURGENS, *Wasser-Algen*. Hanovre, 1816. — AGHARD (C.), *Species Algarum*. Gryphiæ, 1823-28. — *Systema Algarum*. Lund., 1824. — GREVILLE *Algæ Britannicæ*. Édimbourg, 1830. — LYNGBIC, *Hydrophytolog. Danica*. Havnia, 1809. — ZANARDINI, *Syn. Algar. mar. Adriatici*. Turin, 1841. — *Saggio di Classificazioni Alg.* Venise, 1843. — LAMOUROUX, *Essai sur les Shalassiophytes inarticul.* Paris, 1813. — AGHARD (J.), *Alg. mar. Mediterr.* Paris, 1842. — *Spec., gen. et ordo. Algarum*. Lund., 1848. — DECAISNE, *Essais*, etc. (p. 789). — THURET, *Mémoires divers sur la reproduction des Algues*, in *Ann. des sc. natur.*, 3e série, t. III, p. 274; t. XIV, p. 215. 222; t. XVI, p. 5; 4e série, t. II, p. 197; t. III, p. 5; t. VII, p. 34; t. XI. p. 372. — MONTAGNE, *Considérations générales sur les Phycées ou Algues submergées*, in *Hist. nat. de Cuba* de R. de la Sayra, 1838. — Art. ALGUES et PHYCOLOGIE du *Dict. univ. d'hist. nat.* de d'Orbigny, t. X. Paris, 1847. — PAYER, *Botanique cryptogamique*, p. 15-54. Paris,

1850. — ENDLICHER, *Gen. plantar.*, p. 1-10. Vienne, 1836-40. — NÆGELI, *Die neuer. Algensyst.* Zurich, 1847. — KUTSING, *Phycologia general.* Leipzig, 1843.—*Species Algar. Diatom.* Nordhausen, 1844.— TWAITES, Mémoires divers, in *Annals of nat. Hist.* London. — PRINGSHEIM, *Ueber die Befrucht. der Algen*, etc. Berlin, 1855.— *Untersuch. über Befrucht.*, etc., 1856. — *Entwickel. des Achlya prol*, in *Act. Ac. Leopold Cæsar*, t. XXIII, p. 1. — HARVEY, *Man. of British Algæ.* Londres, 1841. — *Phycolog. Britann.*, 1846, etc. — *Nereis Australis*, 1847. — *Nereis Borealis Americ.* — Washington, 1852.— BERKELEY, *Gliass. of Brit. Alg.* Londres, 1833. — *Introduction to Cryptogam. Botan.* Londres, 1857 (p. 84-234). — PEREIRA, *Mat. med.* Edit. 4, 2, 11, 2. — BAILLON, *Des mouvements dans les org. sex. des végét.* Paris, 1856. — *Pour une bibliographie plus complète, on peut recourir au catalogue de Pritzel.*

Beaucoup de tentatives ont été faites pour doter la science d'une bonne classification des Algues.

A la division classique en Fucoïdées, Floridées, Zoosporées, C. Aghard a proposé de substituer le classement par couleurs : 1° Hyalines ; 2° Vertes ; 3° Rouges ; 4° Olivacées.

Fries, sans tenir compte de la couleur, range les Algues sous les trois chefs suivants : 1° Fucacées ; 2° Ulvacées ; 3° Diatomées.

Après Fries, M. Decaisne a proposé le système suivant : 1° Zoosporées ; 2° Synsporées ; 3° Haplosporées ; 4° Christosporées, prenant pour base le mode de reproduction des Algues les plus élevées en organisation.

Ce système a été abandonné.

Montagne désespère presque d'une solution définitive.

« Le moment n'est pas encore arrivé, dit ce judicieux auteur, où il soit possible d'arranger ces plantes d'après une méthode qui ne laisse rien à désirer. On a poussé trop loin le morcellement de certains genres très naturels. D'un autre côté, les noms divers donnés à un même organe appelé à remplir des fonctions identiques rendent difficile l'étude des Algues. Cela durera jusqu'à ce que quelqu'un embrasse d'un seul coup d'œil l'étude si vaste et si complète des Cryptogames. Il y a nécessité évidente d'une réforme. »

Un an après, M. Decaisne, M. Kutsing proposaient une division en deux grandes classes : 1° Isocarpées ; 2° Hétérocarpées, division également fondée sur les caractères de la fructification.

La réforme appelée par C. Montagne est repoussée par d'autres phycologues, notamment par H. Le Jolis, explorateur des Algues de Cherbourg, cité par M. Stanfort, explorateur des Algues de Brest.

« Ce serait, dit M. Le Jolis, une prétention chimérique, dans l'état actuel de nos connaissances, de vouloir donner une classification définitive des Algues. »

En résumé, la classification la plus généralement adoptée aujourd'hui est due au professeur Harvey qui a repris et remanié celle de C. Aghard.

La coloration des spores qui sont ou olivacées ou vertes, etc., est, dans Harvey comme dans Aghard, le signe de distinction.

Au lieu des quatre classes de C. Aghard, Harvey en donne trois :

1° Mélanospermées, ou sporées, plantes à spores olivaires, monoïques ou dioïques, pourvues d'organes mâles, contenant des anthérozoïdes ou des spores mobiles.

2° Rhodospermées ou sporées, plantes dioïques, hétérocarpées, à spores rougeâtres, généralement pourvues d'anthérozoïdes.

3° Chlorospermées ou sporées, plantes monoïques à spores vertes, mobiles ou immobiles, rarement pourvues d'anthérozoïdes.

Cette division, préconisée par les algologues les plus compétents, tels que le docteur Berkeley, offre l'avantage de répondre à la fois à l'aspect naturel et au système reproducteur.

En outre, cette classification ne bouleverse pas les autres et rend les correspondances avec elles très faciles.

Les *Mélanospermées* sont les Fucoïdées classiques, les Phycoïdées de Montagne, les Aplosporées de MM. Thuret et Decaisne.

Les *Rhodospermées* sont les Floridées classiques, les Christophorées de M. Decaisne.

Les *Chlorospermées* répondent aux Diatomées, aux Conferves, aux Charoïniées de Bory de Saint-Vincent, aux Synsporées et aux Zoosporées de MM. Thuret et Decaisne, aux Algues vertes et hyalines d'Aghard, aux Ulvacées de Fries.

Chacune de ces trois classes renferme : la première six familles, la seconde quatorze, la troisième douze.

Classe des Mélanospermées.
Famille des Fucacées.
— Sporochnées.
— Laminariées.
— Dictyotées.
— Chordariées.
— Ectocarpées.

Classe des Rhodospermées..
Famille des Céramiées.
— Spyridiées.
— Cryptonémiées.
— Rhodyméniées.
— Vrangéliées.
— Helminthocladiées.
— Spongiocarpées.
— Squamariées.
— Gélidiées.
— Chætangiées.
— Corallinées.
— Sporoconoïdées.
— Laurenciées.
— Rhodoméliées.

Classe des Chlorospermées...
Famille des Palmellées.
— Diatomées.
— Desmidiées.
— Confervées.
— Batracospermées.
— Hydrodictyées.
— Oscillatoriées.
— Nostochinées.
— Conjuguées.
— Bulbochitées.
— Siphonées.
— Ulvées.

Bien que la classification ne soit qu'un alphabet logique, une nomenclature nominale, un inventaire méthodique servant à mesurer l'ensemble et les détails d'un champ donné d'études, on voit, par le court historique qui précède, combien la phycologie a opposé de difficultés à l'analyse comme à la synthèse, puisque le meilleur système de classification est encore par les uns repoussé, par les autres adopté comme un pis-aller.

La physiologie n'a pas trouvé moins d'embarras dans sa marche.

D'abord, zoologues et botanistes se sont disputé longtemps l'amphibiologie des êtres qui nous occupent.

Les premiers voulaient faire rentrer parmi les zoophytes des sujets tels que les Alcyonides et des germes d'Aplysies ; les seconds réclamaient des plantes comme les Diatomées, rangées depuis longtemps parmi les animaux.

Berkeley, dès 1833, insistait avec autorité sur cette apparente confusion, dont la cause réelle est que les Règnes avant de se séparer se touchent, se soudent pour ainsi dire au point de contact où ils échangent et enchevêtrent leurs caractères.

On ira plus loin un jour, et c'est par l'étude des germes qu'on arrivera probablement à la notion réelle des origines.

Déjà la micrographie a permis de dépasser les vues de Berkeley, en montrant que c'est non-seulement au point de contact des deux Règnes, mais à leur extrême portée, que certaines similitudes des germes viennent s'offrir à l'observation.

Le problème ainsi éclairé ne peut plus être résolu par la botanique seule ni par la seule zoologie ; il s'étend pour ainsi dire au delà de l'être visible observé comme au delà des sens de l'observateur.

Aussi les belles études d'Aghard et de MM. Thuret, Vauquelin et Baillon, nous montrant le zoospore éjaculé par la plante, nageant dans l'eau comme les infusoires, se portant vers la lumière et la chaleur, puis mourant à la vie animale et devenant plante, ne font-elles qu'agrandir un point d'interrogation.

Et non-seulement ces germes vivants, produits chez ces plantes comme chez les animaux vertébrés, par une coagulation de la matière organique, mais le grumeau de gelée du sarcode ou protoplasma arraché à 25 000 pieds au-dessous du niveau de la mer, lors des draguages du navire anglais *le Porcupine*, et observé par Huxley, montre encore des êtres vivants, doués de mouvements amiboïdes, plus merveilleux dans leur extrême simplicité que les organismes les plus compliqués.

Par MM. Huxley, Bessel, Schneider, Greef, Cienkowski, Hermann, Fol, Hæckel, les êtres vivants du sarcode et du protoplasma ont été étudiés sous diverses régions, depuis le *Protomyxa aurantiaca*, observé dans les Canaries, et le *Protobathybius*, confirmant dans les mers polaires sous les yeux de Bessel le *Bathybius* de Huxley, jusqu'aux êtres analogues trouvés dans la terre humide par M. Schneider, professeur à Poitiers, et au *Pelobius*, sorte de *Bathybius* des eaux douces, étudié à Marbourg par le docteur Greef.

Entre les botanistes et les zoologues, les chimistes sont venus sinon déplacer, du moins étendre le problème.

Dans la voie magistralement ouverte par M. Berthelot, la chimie organique a paru appelée à donner la solution attendue, l'explication de la vie.

Les chimistes, dépassant les vues de M. Pasteur, fabriqueront peut-être artificiellement un jour des substances organiques possédant le pouvoir rotatoire; mais sera-ce une preuve que la vie est le résultat d'un concours particulier des forces physico-chimiques?

Nullement. On aura seulement vérifié la loi des milieux nécessaires à la manifestation de la vie, et les produits organiques artificiellement obtenus dans les laboratoires, semblables à l'*Homunculus* de Faust, laisseront toujours les docteurs dans le doute de la science et dans la science du doute.

Ceux qui cherchent la raison des phénomènes pourront toujours dire :

La vie préexiste aux milieux, et elle ne s'y manifeste, à quelque degré que ce soit, que parce qu'elle est vivante dans l'univers vivant.

Qu'on l'appelle règne, espèce ou genre, il y a en action dans une monère comme dans le zoospore d'une Algue, comme dans le spermatozoïde d'un Vertébré, malgré les rapports étroits de leur constitution physico-chimique, autre chose que de la substance accessible à la pondération et à l'observation sensorielles.

Ils renferment une essence, une cause d'être, une puissance de vie propre, un principe de spécification que l'intelligence seule peut saisir, mais dont leurs différences de manifestations donnent seules la preuve.

Cette essence qui leur préexiste leur survivra, et les individualités qu'elle fait naître, se transformer et mourir, ne sont que des symboles représentatifs, divisant la substance commune, tout en multipliant les formes passagères d'un type aussi inaccessible à la destruction qu'à l'analyse physico-chimique.

Ces types, si nous prenons pour exemple les espèces disparues du monde dit antédiluvien, rempliraient de nouveau la planète de leurs effigies visibles, si, rétrogradant au temps qui les a vus exister, elle se retrouvait, d'une part, il est vrai, dans les mêmes conditions constitutives, quant à ses milieux substantiels, mais, d'autre part aussi, dans la même situation cosmique, quant à ses rapports avec les fonctions essentielles et cosmogoniques de l'univers.

C'est dans ces fonctions sur-terrestres qu'il faudra, tôt ou tard, chercher et reconnaître, après une étude approfondie de la lumière et de l'ombre, la cause spécifiante des Règnes et de toutes les manifestations qu'ils renferment, à moins de laisser à tout jamais la science, limitée à la nomenclature des apparences, manquer son but qui est la connaissance totale des réalités.

Dans son état actuel d'informations, l'esprit humain a des notions trop nombreuses de l'origine et de la forme des êtres pour s'en tenir là bien longtemps.

Il lui reste à connaître leur signification réelle, leur essence, leur principe, et pour atteindre ce but complet, à reconstituer sur des bases solides la cosmogonie et l'ontologie.

Quand ce résultat sera obtenu, les corps savants seront bien près de devenir ce qu'ils furent dans l'antique Égypte, des corporations sociales, réunies en hiérarchies.

Certainement en ce qui concerne la substance des êtres, il faut en demander l'origine à leurs milieux planétaires.

Physiquement, chimiquement, les germes qui portent la marque des origines sont en effet analogues, proportionnellement à l'analogie du milieu plastique où ils s'élaborent et se fixent : les zoospores et les spermatozoïdes dans leurs mucus respectifs en sont une preuve.

Un Homme et un Fucus ne sont cependant pas la même chose, et si le transformisme et la sélection évolutive peuvent servir à expliquer la communauté de la substance primitive originelle, il faut une autre explication basée sur l'essence pour expliquer la différence des types, même dans les formes organiques.

Il est à noter que, dans les Algues seules et à l'état vivant, la marche biologique de la transformation, loin d'être progressive et ascendante, est régressive et descendante, d'un règne à l'autre.

Le germe émis porte les caractères de la vie animale : il évolue et se fait plante.

Quoi qu'il en soit, dans l'ordre successif des temps, correspondant à l'évolution des milieux plastiques du globe, l'homme, ou plutôt l'organisme dans l'homme, a pu, non pas descendre, ce serait trop d'humilité, mais monter du singe : c'est une vue naturelle purement chronographique ; mais que prouve-t-elle ?

Le gorille est resté l'ébauche que l'on sait, sans que

le transformisme ni la sélection évolutive l'aient le moins du monde arraché au cocotier pour le faire monter à l'échelle des êtres et quitter l'état naturel.

L'homme a constitué tout un règne à part, surnaturel par rapport à la terre, dans un état qui n'appartient qu'à lui : l'état social.

Puis, considérant sa place, non plus seulement dans l'ordre des temps terrestres, mais dans l'ordre universel, il a entrevu son principe général, son essence génératrice au-dessus comme au fond de sa forme individuelle, de sa substance originelle, et il a nommé ce principe essentiel, ici Adam, là Kaï-Ormozd, plus loin Pan-Kou, etc.

Cette même idée sous mille noms signifiait dans l'antique ontologie que l'homme descend de l'Homme, et que c'est son propre principe cosmogonique qui l'a généré tel, dans une forme qui est la signature visible de son invisible essence.

Ces deux points de vue, l'un zoologique, l'autre ontologique, l'un particulier, l'autre général, nous semblent tous deux scientifiques, dans toute la rigueur de ce terme, chacun dans son ordre.

Tous deux, loin d'être inconciliables, se prêtent une force mutuelle, et l'un ne peut pas plus se passer de l'autre que l'analyse de la synthèse, l'œil de l'intelligence qui observe, l'ouïe de l'entendement qui écoute.

Mais, en ce qui nous concerne, nous n'avons nullement qualité pour arrêter le conflit intellectuel et, par suite, politique et social des doctrines.

Le traité de paix sera probablement le résultat de la guerre, et, d'ici là, les Algues nous offrent, en même temps qu'une agréable diversion, une source de bienfaits pour la pauvre humanité.

La constitution physique des Algues est exclusivement cellulaire, sans vaisseaux, ni racines, ni branches, dans le sens qu'ont ces mots, tels qu'on les applique à la flore terrestre.

Enveloppées et pénétrées d'une substance (encore inconnue) d'aspect gélatineux, n'ayant ni épiderme, ni parenchyme, ni stomate, vivant dans des milieux liquides, elles absorbent par une endosmose particulière les matières en dissolution dans leur milieu, les élaborent et les transforment sous l'influence d'un agent d'assimilation qui serait, selon M. Rozanoff, la matière colorante ou pigment.

La chlorophylle, soit seule, soit unie à diverses matières colorantes, serait aussi l'agent vital de la respiration.

Celle-ci, selon M. Brongniart, s'effectuerait suivant un mode analogue à celle des poissons.

Dans le plus grand nombre des Chlorospermées, toutes les surfaces doivent contribuer à la nutrition comme à la respiration.

Il en serait à peu de chose près de même dans les Rhodospermées, sauf les modifications apportées par la fronde.

Ce n'est que dans les Mélanospermées, où les développements très variés de la cellule font apparaître les formes les plus diverses et les plus complètes de stipes, de frondes, puis les vésicules aériennes, les réceptacles, etc., que la localisation de ces deux fonctions doit s'opérer définitivement dans la fronde.

Les résultats de l'assimilation se retrouvent dans les produits qu'une Algue, un Fucus par exemple, offrent à l'analyse.

Selon C. Montagne, le Fucus à l'état frais donne 25 pour 100 de substance solide, dans 16,05 de produits inorganiques :

1° Chaux unie à divers acides;

2° Chlorure de sodium et de potassium ;

3° Sulfate de potasse ;

4° Iodures de brome, de potassium et de magnésium ;

5° Soufre ;

6° Silice.

Restent 8,45 de substances organiques :

1° Cellulose ;

2° Inuline ;

3° Plusieurs corps gras azotés ;

4° Une matière sucrée, mannite ou glycose ;

5° Deux matières grasses ;

6° Une huile essentielle ;

7° Un ou deux principes colorants.

Notons en passant que la présence de l'azote, constatée par Montagne, a été reconnue par MM. Pohl et de

Flottow jusque dans le *protoplasma*, et jusque dans la *gélose* elle-même, bien que ce produit ne soit plus qu'un extrait desséché du *Gehelium corneum* de Java et de la *Phearia lichenoides* de l'île Maurice. (Voyez au sujet de l'azote renfermé dans la *gélose*, Payen, *Chimie industrielle*, tome II, page 725.)

Les matières contenues dans les Algues, beaucoup plus nombreuses encore que celles que nous venons de citer, donnent évidemment la somme et le résultat de leur nutrition.

Il n'y a pas d'exemple d'Algue vénéneuse.

Quant aux produits libres ou contenus de leur respiration, nous avons vu quelle quantité considérable d'oxygène les Algues émettaient à l'état vivant.

Desséchées, comme dans la gélose, elles en renferment encore une forte proportion.

Le carbone joue aussi un rôle important dans la respiration de ces plantes, et, à ce propos, voici un détail qui n'est pas sans intérêt.

M. Mohr, dans une théorie sur la formation de la houille, regarde cette substance comme provenant en prédominance des plantes marines et particulièrement des Fucus.

Entre autres preuves, il se fonde sur l'absence générale de fibres dans les masses houillères, où les plantes à fibres, telles que la fougère, laissent une empreinte facile à constater.

Selon lui, les végétaux étrangers à la flore mère des houilles auraient été jetés dans la masse de celles-ci par les fleuves qui roulent à la mer les rejets de la terre.

Pour corroborer l'exactitude physique de sa théorie, M. Mohr l'a vérifiée par l'analyse chimique qui lui a donné de l'iode extrait de la houille.

Nous avons donc eu raison de dire que la flore marine tient une grande place dans l'économie du globe, et qu'elle mérite d'en occuper une grande dans la science.

LES ALGUES DANS L'HYGIÈNE

Les Algues actuellement reconnues comme intéressantes au point de vue sanitaire, sont nombreuses déjà.

Nous nous bornerons à citer quelques-unes de leurs familles.

Parmi les Mélanospermées, ce sont les *Fucacées* et les *Laminariées*.

Parmi les Rhodospermées, ce sont les *Rhodyméniées*, les *Gélidiées*, les *Corallinées*.

Parmi les Chlorospermées, ce sont les *Palmellées*, les *Diatomées*, les *Desmidiées*, les *Confervées*, les *Oscillatoriées*, les *Nostochinées*, les *Ulvées*.

En Europe, elles ont été recommandées tout d'abord par les médecins de la Grande-Bretagne dans toutes les maladies consomptives, principalement dans la phthisie, ainsi que dans les affections intestinales, l'entérite, la dyssenterie, les maladies nerveuses, etc.

On les prescrit en gelées, tisanes, sirops, tablettes, etc.

Une seule des substances neutres du *Pearl moss*, la Gœmine, renferme 21,36 d'azote, 4,87 d'hydrogène, 21,80 de carbone, 2,51 de soufre, 49,46 d'oxygène (Blondeau).

Outre cette substance, analogue au salep et à l'arrow-root, on trouve : gelée, 79,1; mucus, 9,5; deux résines, 0,7; plus une matière grasse, des sels et une petite quantité d'iode.

Le *Dictionnaire encyclopédique des sciences médicales* regrette, avec raison, que ces plantes n'aient reçu jusqu'à présent qu'un petit nombre d'applications thérapeutiques.

Peu de progrès, en effet, ont été accomplis dans ce sens, depuis Théophraste et Dioscoride, qui prescrivaient, entre autres Algues, la mousse de Corse, remise en usage, en 1775, par Dimo Stephano Poli, puis par les médecins militaires d'Ajaccio.

Cette réunion d'Algues qu'on ne trouve dans le commerce que mélangée et ne renfermant pas toujours l'*Alsidium helmintocorton* (Kutz), a donné à l'analyse : gélatine végétale azotée, 60,2; cellulose, 11; sulfate de chaux, 11,2; sel marin, 9,2; carbonate de chaux, 7,5; fer, magnésie, phosphate de chaux, 1,7 (*Annales de Chimie*, t. IX, Bouvier).

Une petite quantité d'iode y a été reconnue par Straub et Gaultier de Claubry, sans qu'on ait pu expliquer encore la propriété anthelminthique de ce produit.

Néanmoins, l'expérience l'a fait considérer comme un des anthelminthiques les plus doux, les moins susceptibles d'irriter l'appareil digestif, les mieux indiqués, même chez les enfants, au cours des maladies aiguës, en cas de complication vermineuse, lors même qu'il y aurait inflammation des voies digestives.

A tort ou à raison, ce médicament jouit en Corse d'une certaine réputation contre les squirrhes et le cancer non ulcéré.

Faar, dans ces cas, prétend en avoir obtenu des résultats satisfaisants.

Nous n'avons donné tous ces détails sur la mousse d'Islande et sur la mousse de Corse, que pour indiquer, par ces deux types, les mieux connus en Europe. les ressources que la flore marine tout entière offre à la médecine.

L'emploi des *Conferves* des bassins chauds de Néris, d'Évreux, de Bourbon-Lancy, de Bourbon-l'Archambault et d'Alhama de Aragon, étudié et préconisé par MM. Boirot-Desserviers, Richond des Brus, de Laurès, Parraverde, Robiquet, Falvart de Montluc, etc., prouve que les

Algues rendent aussi des services signalés dans les bains médicinaux.

Les *Conferves* marines ne sont pas moins riches, soit qu'on les récolte dans les courants chauds de la mer, soit qu'on les recueille dans les courants froids; elles sont en grand ce que les eaux thermales offrent en petit; mais leur étude, en tant qu'applications de ce genre, reste à faire.

Il est probable que nos Algues rendraient des services analogues dans le traitement des maladies de peau, des affections des articulations et des muscles, des névralgies d'origine rhumatismale, surtout quand elles affectent les branches nerveuses superficielles (voy., à ce sujet, l'article de M. le docteur A. Rotureau, dans le *Dictionnaire encyclopédique des sciences médicales*).

Outre ces emplois déjà bien variés, puisqu'ils concernent avec la mousse d'Islande, la mousse de Corse et les *Conferves* seules, les maladies des voies respiratoires, des intestins, de la peau, des articulations et des muscles, les Algues sont préconisées contre la scrofule et les maladies vénériennes, par plusieurs médecins, français et étrangers, parmi lesquels nous citerons MM. les docteurs Cabrol, Gressy, Boisnet, etc.

Les Phéniciens et les Grecs, selon Théophraste et Dioscoride, employaient ces plantes en médecine.

Avant eux comme depuis eux, les Chinois leur donnent une grande place dans leur pharmacopée.

Dans toutes les pharmacies de Chine, on trouve le Lou-joug-Tsaô, le Haï-Tzé, etc.

Pour ces peuples si positifs et si pratiques, les Algues marines ont des propriétés extraordinaires, qu'ils utilisent depuis l'antiquité la plus reculée.

Leur vermifuge préféré, analogue à la mousse de Corse, renferme à peu près les mêmes plantes, d'après M. Areschoug, phycologiste suédois, cité par M. O. Debeaux, pharmacien-major de première classe (*Recueil de mémoires de médecine, de chirurgie et de pharmacie*, publiés par ordre du ministre de la guerre).

Nous mentionnerons pour mémoire l'æthiops végétal, le *Fucus vesiculosus*, recommandé contre l'obésité, et nous quitterons la thérapeutique pour aborder la question alimentaire.

Sous ce rapport encore, les Algues marines sont une source aussi féconde que peu connue.

LES ALGUES DANS L'ALIMENTATION

L'expérience des peuples est dans cette question notre seul guide, c'est aussi le meilleur.

En Chine et au Japon, les Thalassyophytes sont de temps immémorial un mets consacré, presque sacré.

Les anciennes traditions en font la nourriture des Daïnos autochthones, et leur usage se trouve lié au culte des ancêtres par une coutume que relate Thunberg.

« Je vis à Josida un varech d'une largeur et d'une longueur peu communes.

» Les uns prétendent que cette plante se trouve jetée dans ces parages par la mer, d'autres qu'elle vient de la grande île de Matsmaï.

» On nettoie cette plante et on la ratisse pour enlever le sable, les ordures et la peau.

» Le dessous est blanc et se mange en buvant du Sakki ou bien du Sandgo et du Fagaria.

» Coupée par morceaux et cuite elle renfle prodigieusement, et on la mêle à différents ragoûts.

» Pour manger cette plante crue, on la coupe par bandes : ces bandes se plient par carrés, et forment de petits rubans qu'on lie avec une faveur de la même plante.

» Il y a quelquefois une dizaine de ces petits arbres déposés sur la petite table aux présents qu'on échange à différentes occasions.

» Les Japonais accompagnent les leurs d'un morceau de papier plié d'une manière assez singulière, et qu'ils nomment papier de compliments.

» A chaque extrémité, ils collent une bande de *Fucus*. »

La Chine semble être tributaire du Japon, en ce qui regarde le *Fou-Nouhri*, le *Haï-Thao* ou *Tzao*, le *Kanten-Soh* ou *Tzé*, le *Hambou* ou le *Nosi*.

Au sud et à l'ouest d'Yesso, dans la grande baie d'Owamori, on recueille plusieurs espèces de *Laminaria saccharina*, dont l'une, jaune rougeâtre, s'importe en grande quantité à Hong-Kong et à Schang-Haï, par navires européens.

Sur les côtes de la Chine, l'exploitation du *Tang* est largement pratiquée.

Dans l'intérieur du Céleste-Empire, le *Nosi* et le *Fou-Nouhri* remplacent le sel marin, qui y est parfois rare, et se mangent cuits ou assaisonnés.

Le commerce du *Hambou* est assez considérable pour que l'État en fasse l'objet d'un contrôle spécial, afferme les plages qui le produisent, et défende aux Européens de prendre une part directe aux opérations industrielles et aux transactions qui s'y rapportent.

A Madagascar, à Bourbon, au Cap, à l'île Maurice, on trouve aussi les Algues dans l'alimentation.

On les retrouve encore du cap Horn au Chili, de ce pays à l'Australie.

Au Chili comme au Cap, ce sont les frondes de la *Durwillæa utilis* qu'on mange en guise d'asperges; et les mets australiens rappellent un peu ceux de l'île Maurice.

En Australie, on prépare avec une *Gigartina* et plusieurs espèces du genre *Gracilaria* une poudre, en dissolvant cette plante par l'ébullition dans l'eau douce, évaporant à siccité avec un tiers d'arrow-root de Zamia, et l'on obtient ainsi un blanc-manger très nourrissant.

Pour l'avoir en gelée, on met à gonfler environ une

petite cuillerée de cette poudre avec un peu d'eau froide, on sucre, on aromatise, puis on ajoute de l'eau bouillante, et on laisse refroidir.

C'est probablement par des procédés analogues qu'on prépare avec divers *Gelidium* le produit connu sous le nom de *colle de poisson du Bengale*.

« Je suis convaincu, m'écrit M. le professeur Bavay, médecin principal de la marine, que l'on doit arriver à rendre mangeables presque toutes les Algues marines. »

En Europe, sur certains marchés de l'Écosse, les *Chondrus crispus*, les *Iridea edulis*, les *Alaria esculenta*, les *Rhodymenia palmata*, etc., se vendent quotidiennement à profusion pour l'alimentation publique.

L'explorateur des côtes et des îles septentrionales et orientales du Royaume-Uni ne trouvera souvent pas d'autre régal, et en sera satisfait.

Dans le pays de Galles, le pain d'*Algues*, ou *Laver-Bread*, est un mets traditionnel, qu'on dit remonter aux anciens Celtes.

En Islande, en Norwège, en Bretagne, les Thalassyophytes sont utilisés dans le même sens, et la mannite que l'on y trouve remplace dans maint endroit le sucre.

Les animaux ne sont pas de moins sûrs guides que l'homme, en fait d'hygiène alimentaire.

En Norwège, en Islande, en Irlande et en Écosse, en Bretagne, rennes, bœufs et vaches, chevaux, moutons et porcs, suivant les pays, adoptent à l'envi cette nourriture.

Dans les régions glacées du nord de l'Europe, nos plantes sont, pour le bétail comme pour l'homme, un bienfait exceptionnel que la mer leur livre périodiquement, compensant ainsi la pauvreté du sol et la rigueur du climat.

Cette nourriture qui, avec des soins suffisants, se conserve comme le fourrage, plaît aux animaux, les tient en bon état, et l'on a remarqué qu'elle les rendait plus vigoureux et plus prolifiques que toute autre.

Sans les Algues, le bétail des contrées froides ne trouverait même pas dans le fourrage de nos champs un secours suffisant pour contre-balancer les pernicieuses influences d'une constitution climatérique humide ou glacée, qui verse incessamment au sang, par les poumons, les germes de la scrofule, de la phthisie, de l'anémie et de la mort.

Des agriculteurs anglais, frappés de la richesse nutritive des gelées d'Algues, commencent à en donner systématiquement à leurs bestiaux et en obtiennent les meilleurs résultats.

Les porcs et les bœufs en sont plus gras, la chair des

moutons plus succulente, le lait des vaches plus abondant et plus épais.

A ce dernier point de vue, et pour les mêmes causes, le même fait est à constater dans certaines parties de la Bretagne, fait à noter pour les médecins et pour les mères, tant en ce qui concerne l'hygiène alimentaire des nourrices, qu'en ce qui regarde l'élevage des enfants.

Ne négligeons pas non plus le muet enseignement des poissons de mer, ni les modestes leçons de la tortue marine, dont la chair si délicate est due à plusieurs espèces du genre *Caulerpa*.

Enfin la morue, dont nos malades boivent l'huile nauséabonde, n'en doit la vertu qu'aux plantes qu'elle pabule.

A quoi bon l'huile, quand nous avons la plante qui nous offre, dans un agréable mets facile à incorporer dans tous les nôtres, les mêmes éléments hydrocarbonés et légèrement iodés, sans les dégoûts d'une drogue fétide.

Jusqu'à présent, la chimie minérale et la flore terrestre, outre la chair des animaux, ont exclusivement absorbé l'attention dans la litigieuse question des reconstituants.

Le globule rouge a été regardé comme l'unique objet

digne de souci, le blé comme le seul aliment complet, le fer comme le meilleur remède à apposer à l'appauvrissement du globule rouge.

Nous sommes loin de vouloir diminuer en quoi que ce soit l'importance du rôle que jouent dans l'économie physiologique, le globule rouge, dans l'hygiène alimentaire le blé, dans une sage médication reconstitutive le fer.

Nous croyons cependant, avec des médecins éclairés, que l'alimentation qui ne s'adresserait qu'à l'entretien de ce seul globule ne serait pas sans graves inconvénients.

La farine d'avoine, plus réparatrice encore à ce point de vue que celle du blé, plus riche en phosphates, en fer, en chaux, non moins riche en azote, démontrerait au besoin, si l'on en abusait d'une manière visible, par des éruptions à la peau, que le corps humain, comme la nature, a besoin de transactions nombreuses, de variété, et ne se nourrit pas d'exclusivisme.

L'homme qui, dans son alimentation, ne ferait entrer que le blé, et ne se nourrirait que de pain, s'exposerait non-seulement à des maladies spéciales, mais aussi à une réparation insuffisante.

Quant à l'ingestion directe du phosphore, du fer, tout en pouvant produire un effet sensible, elle peut n'être pas sans conséquences fâcheuses, soit pour cause d'abus, soit par inopportunité.

La nature aime autant les transitions que les transactions, et les substances végétales ou animales sont plus près de notre assimilation que les minérales et surtout les métalliques.

D'ailleurs, outre le globule rouge et la fibrine, outre le fer que le caillot peut renfermer, ne faut-il pas tenir compte du sérum, du mucus, des séreuses, des muqueuses, des membranes et des glandes avides d'une nutrition riche en sels spécialement réparateurs, et principalement ceux de la mer ?

Le globule rouge est en nous le feu de la vie animale ; sa base métallique, pour ainsi dire altérée d'oxygène, en est une preuve ; mais si ce feu vivant a son importance capitale dans la combustion pulmonaire, dans le mouvement circulatoire, dans la dynamique élective des sécrétions, dans l'entretien des fibres et de la vitalité des tissus, est-il prudent d'attiser ce feu plus que de raison ?

C'est dans ce sens que Pythagore, médecin du corps autant que de l'âme ou de l'esprit, fondateur d'un ordre qui prépara les corps savants et les ordres religieux de la chrétienté, maître de tant de maîtres, dans la tradition duquel Galien écrivit son traité sur *La cure des maladies de l'âme*, c'est dans ce sens, disons-nous, que ce sage conseillait à ses disciples de *ne point attiser la flamme avec le glaive*.

Outre le feu physiologique, il y a en nous l'eau vivante, qui pèse les 9 dixièmes de notre poids, qui réclame sa large part dans l'hygiène alimentaire comme dans toute la thérapeutique, et, avec les sels dont elle est chargée, combat incessamment dans toute l'étendue des vaisseaux, des membranes, des glandes et des viscères, l'aridité, en y portant l'élasticité, la souplesse onctueuse et la fluidité.

Il serait peut-être temps de s'occuper du *plasma* et du globule blanc avec autant de soin qu'on s'est occupé du globule rouge.

Or, s'il existe dans la nature une substance qui soit par excellence l'aliment et le reconstituant du *plasma*, des humeurs, des séreuses et des muqueuses, c'est à coup sûr au *mucus* des Algues marines qu'il faut l'emprunter, car il ne se trouve nulle part ailleurs aussi à proximité de nos éléments organiques, de nos facultés d'assimilation, ni dans une aussi grande profusion.

LES ALGUES DANS L'INDUSTRIE

Mathiole, dans ses *Commentaires sur Dioscoride* (2e partie, 1583, p. 480), mentionne une plante marine dont les habitants de l'île de Crète se servaient pour teindre en pourpre leurs vêtements extérieurs.

Quelques auteurs ont cru que cette Algue était le *Fucus verrucosus tinctorius*; mais il croît spécialement sur les rochers maritimes aux Indes, aux Canaries, etc., et si Nylander (*Prodrom. Lichen. Galliæ et Alger.*, p. 43, 1856) le signale dans les îles de la Méditerranée, il n'y possède aucune propriété tinctoriale.

La plante dont parle Dioscoride, et à laquelle Mathiole donne le nom de *Fucus marinus*, ne serait autre que le *Rytiphlæa tinctoria*; et l'on est fondé à croire, avec M. Debeaux, que les Phéniciens s'en servaient pour leur pourpre, comme les Crétois pour la leur, sans préjudice d'autres sources d'extraction offertes par la faune de la Méditerranée.

Parmi ces dernières, il faudrait, d'après Lesson (*Manuel de pharmacologie*, p. 360), ranger les *Janthines*, mollusques gastéropodes de la famille des *Néritacées*.

La *Janthina prolongata* (Blainville) ou *communis* (Lamark) serait le véritable *Buccinum* des anciens.

La description de Pline (livre IX) se rapporte à ce qu'avance Lesson beaucoup plus qu'au *Purpura patula* de Columna qui ne vit pas dans la Méditerranée.

On rencontre, il est vrai, sur les côtes d'Espagne, des Baléares et de l'Algérie les *Purpura hæmastoma*, mais non sur les rivages de l'Italie, de la Grèce et de l'Asie Mineure ; et comme ces mollusques devaient être traités vivants pour en extraire la matière colorante, il n'est pas probable qu'avec les longueurs du cabotage, la navigation ni l'industrie gréco-tyrienne les ait utilisés.

Il n'en est pas ainsi pour notre Algue.

Le *Rytiphlæa tinctoria* se trouve depuis la Corse jusqu'à l'Adriatique, depuis cette mer jusqu'au golfe Arabique, et il n'est pas supposable que les Tyriens ne s'en servissent point, quand les Crétois en faisaient usage.

Cette plante, insoluble dans l'eau de mer, communique à l'eau douce une magnifique teinte pourpre carminée ; et il serait intéressant de savoir si elle ne sert pas d'aliment aux *Janthines*.

Quoi qu'il en soit, elle est tinctoriale au premier chef, et donne une couleur aussi intense qu'on le désire, suivant la quantité qu'on en met macérer.

Cette application industrielle pourrait aisément être remise en usage.

Une autre application qui pourrait être renouvelée de l'antiquité gréco-phénicienne serait l'emploi de certaines *Rhodospermées*, la *Griffithsia setacea* par exemple, à la composition d'un fard sans inconvénient pour la peau.

D'autres *Rhodospermées* renferment des parfums perdus et qu'on pourrait utiliser.

Les Chinois et les Japonais, qui sont nos maîtres dans les applications industrielles des Algues marines, font des carreaux de vitres ou de lanternes avec le *Glœopoltis tenax*.

Le principal apprêt de leurs étoffes de soie vient du *Fou-Nouhri*.

D'autres Algues entrent dans la confection de leurs colles, de leurs vernis, de leurs laques et de leurs couleurs.

Les naturels de la Nouvelle-Hollande utilisent une espèce particulière de *Laminaria* à la fabrication de vases qui leur servent à puiser de l'eau, et qui joignent, au dire des voyageurs, la dureté et l'imperméabilité de la corne à la ténacité du caoutchouc.

L'application de cette plante, depuis les chaussures jusqu'aux harnais, trouverait de nombreux usages.

On obtiendrait sans doute les mêmes résultats, en perfectionnant le procédé que les Chinois emploient dans la confection de leurs carreaux, et l'on pourrait obtenir, soit transparents, soit opaques, de toutes couleurs, de toute épaisseur, des sortes de cuirs marins, souples ou rigides, depuis la ténuité de la baudruche jusqu'à la force du trait de cheval.

Certaines Algues, à poids égal, ont une puissance beaucoup plus grande que l'ichthyocolle et peuvent s'employer aux mêmes destinations.

Le *Haï-Tzi* est dans ce cas.

Les unes seraient propres à la clarification des vins et des liqueurs, d'autres à celle de la bière.

Quelques brasseurs se servent déjà de certains *Fucus*, qu'ils utilisent en branches : on pourrait mieux faire, en séparant la *gélose* de la *cellulose*, ainsi qu'en éliminant le goût saumâtre du *Fucus*, et les résultats seraient meilleurs.

Dans l'hygiène de la toilette, nos plantes, convenablement préparées et mêlées à l'eau des bains, lui donneraient une onctuosité aussi favorable à la souplesse de la peau et des muscles que sédative ou excitante, suivant le choix.

D'autres plantes marines rendent l'eau douce émulsive et sont particulièrement aptes à la fabrication des savons.

La *mousse de Ceylan* remplace avec avantage la gomme, la colle de poisson, la gélatine, pour la confection des sirops, des confitures, des gelées, des blanc-manger, etc.

La plante qui entre dans l'*Icing-Glass* des Anglais est le *Kanten-Soh* du Japon.

Les Algues de nos mers, traitées avec les connaissances et les soins suffisants, peuvent au besoin nous dispenser d'être tributaires de l'Asie, et nous avons tout intérêt à savoir les utiliser convenablement.

Aujourd'hui, cette grande source de richesse pour les populations de nos côtes et pour nos industries demeure presque perdue.

La pharmacie seule dispute un peu à l'agriculture et à l'industrie des produits chimiques les précieuses Algues, dont la majeure partie reste confondue sous le nom de *Varechs* ou de *Goëmons*.

Aussi la question qui nous occupe demeure, à peu de chose près, où elle en était du temps de Colbert.

L'extraction de la soude s'opère généralement par des moyens aussi rudimentaires qu'à cette époque, sauf dans quelques usines, celle du Conquet par exemple (Finistère). où, de la soude de cette provenance, on sépare les chlorures de potassium et de magnésium, les sulfates de soude et de potasse, l'iode et le brome, par les procédés que la chimie actuelle a acquis à l'industrie.

Dans l'agriculture, les Algues employées comme engrais sont pour beaucoup dans la fertilité du Finistère et dans la beauté de ses céréales.

Aussi la récolte des plantes marines a-t-elle donné lieu, pour cette raison, à des règlements, arrêtés, ordonnances, dont le but était de répartir le mieux possible les Algues entre les fermes et les usines.

Un pharmacien en chef de la marine fit les plus louables efforts pour que l'usine, après extraction des produits chimiques par voie humide, renvoyât à la ferme la matière azotée.

M. Plagne (*Compte rendu du Congrès scientifique de France*, 27e session) affirme que le partage est rigoureusement possible.

Avant l'établissement des usines, les agriculteurs payaient 10 francs, la charretée, le goëmon qui leur en coûte 30 aujourd'hui.

Aussi, la mise en pratique de l'idée de M. Plagne serait-elle un bienfait, et plus encore l'application des eaux mêmes de la mer à l'extraction directe de la soude.

Alors les Algues resteraient à partager avec discernement entre l'agriculture, l'alimentation, les diverses industries que nous avons indiquées, et la pharmacie.

Le vœu de la nature serait ainsi rempli, et l'empire de la flore des mers viendrait s'ajouter aux autres conquêtes de l'humanité.

CONCLUSION

Nous venons d'esquisser sommairement la grande place que les Algues marines occupent dans les harmonies physiologiques de notre planète.

Sous la terre et mortes, nous les avons vues concourir à la production des veines de houille de la mère commune, et, dans les houilles, contribuer à l'accumulation des forces dont le carbone est le dépositaire et dont la lumière solaire transformée et fixée est la source originelle.

Dans les mers, nous avons regardé les développements vivants de cette végétation singulière s'étendre depuis les rives jusqu'aux dernières profondeurs des eaux, suivant des zones régulières comme celles des poissons, et servir à la fois de forêts et de prairies, d'abris protecteurs et de pâturages à des milliards d'êtres vivants.

Dans les airs, nous avons vu quel immense concours leur respiration épurative des eaux marines apportait à la constitution de notre atmosphère.

Dans la science, dans la thérapeutique, dans l'hygiène alimentaire de l'homme et des animaux domestiques, dans l'agriculture et l'industrie, nous avons essayé d'indiquer la place qu'elles occupent ou peuvent être amenées à occuper.

Notre but, résumé dans le titre même de cette brochure, est atteint ; car d'autres feront plus et mieux, et l'*Utilité des Algues marines* sera de mieux en mieux comprise et mise en œuvre.

L'utilité : voilà sur notre pauvre terre le dernier mot de la sagesse.

Poète à nos heures, et longtemps tourmenté de la grande fièvre des idées, nous n'avons pas voulu que l'avenir pût nous reprocher d'avoir attisé la guerre civile des esprits par un nouvel aliment, si faible qu'il fût ; et si parfois nous avons suspendu d'une main un livre sur ce siècle sombre, ce n'a été qu'une tentation passagère, et, de l'autre main, le livre a été jeté dans l'oubli.

Ces quelques pages sont les seules que nous livrerons à la publicité, avec la conscience de ne point faire de mal, et de faire peut-être un peu de bien, si une plus grande attention attirée sur les Algues marines vaut, par la suite, aux pauvres familles de nos marins et de nos pêcheurs, un peu plus de bien-être et de bonheur ici-bas.

FIN

TABLE DES MATIÈRES

FIN DE LA TABLE DES MATIÈRES.

PARIS. — IMPRIMERIE ÉMILE MARTINET, RUE MIGNON 2

www.ingramcontent.com/pod-product-compliance
Ingram Content Group UK Ltd.
Pitfield, Milton Keynes, MK11 3LW, UK
UKHW020409190726
13838UKWH00006B/1460

9 782329 371757